BEI GRIN MACHT SICH IHR WISSEN BEZAHLT

- Wir veröffentlichen Ihre Hausarbeit, Bachelor- und Masterarbeit

- Ihr eigenes eBook und Buch - weltweit in allen wichtigen Shops

- Verdienen Sie an jedem Verkauf

Jetzt bei www.GRIN.com hochladen und kostenlos publizieren

Benjamin Raabe

Komponenten eines UHDTV Systems im Heimbereich

GRIN Verlag

Bibliografische Information der Deutschen Nationalbibliothek:

Die Deutsche Bibliothek verzeichnet diese Publikation in der Deutschen National-
bibliografie; detaillierte bibliografische Daten sind im Internet über http://dnb.d-
nb.de/ abrufbar.

Impressum:

Copyright © 2015 GRIN Verlag GmbH
Druck und Bindung: Books on Demand GmbH, Norderstedt Germany
ISBN: 978-3-656-92359-6

Dieses Buch bei GRIN:

http://www.grin.com/de/e-book/294514/komponenten-eines-uhdtv-systems-im-
heimbereich

Fachbereich   **Design Informatik Medien**
Studiengang **Media Management (BA)**

Seminararbeit in der
Lehrveranstaltung
Multimedia I

„Komponenten eines UHDTV Systems im Heimbereich"

Autor: Benjamin Raabe
Vorgelegt am: 23.01.2015

Inhaltsverzeichnis

Abbildungsverzeichnis

Abkürzungsverzeichnis

AVC	Active Voltage Conditioner
Cd	Candela
CIE	Commission Internationale d'Eclairage
DDR RAM	Double Data Rate Random Access Memory
DSL	Digital Subscriber Line
DTS	Digital Theatre Systems
DVB-C	Digital Video Broadcasting – Cable
DVB-S	Digital Video Broadcasting – Satellite
DVB-T	Digital Video Broadcasting – Terrestrial
DVD	Digital Video Disc
DVI	Digital Visual Interface
EBU	European Broadcasting Union
H.264	H-Standard
H.265	H-Standard
HD	High Definition
HDCP	High Bandwidth Digital Content Protection
HDMI	High Definition Multimedia Interface
HDR	High Dynamic Range
HEVC	High Efficiency Video Codec
Hz	Hertz
IEEE	Institute of Electrical and Electronics Engineers
ITU	International Communication Unit
LCD	Liquid Crystal Display
LED	Light Emitting Diode
MPEG	ISO/IEC Moving Pictures Expert Group
OLED	Organic Light Emitting Diode
PCIe	Peripheral Component Interconnect Express
SD	Standard Definition
SDTV	Standard Definition Television
SMPTE	Society of Motion Picture and Television Engineers
USB	Universal Serial Bus
UHD	Ultra High Definition
UHDTV	Ultra High Definition Television

1. Einleitung

Kaum sind neue Systeme, Standards und Endgeräte im TV-Markt etabliert, da wartet schon das nächste große Thema auf uns. Ultra High Definition heißt das neue Zauberwort. Waren zunächst entsprechende Geräte nur von interessierten Technik-Fans auf den Messen dieser Welt zu bestaunen, sind die neuen Fernsehgeräte mittlerweile ein fester Bestandteil im Angebot der Technikmärkte quer durch Deutschland geworden. Glaubt man der Fachpresse, so soll Ultra High Definition der Beginn einer neuen Ära in der TV-Landschaft werden. Getreu dem Motto „höher, schneller, weiter", werden Bilder nun noch detailreicher, schärfer und farbenfroher dargestellt. Mit Sicherheit sind die neuen Geräte in der Lage, viele Konsumenten zu verblüffen. Aber lohnt sich der Kauf eines neuen UHD-Fernsehgerätes bereits jetzt?

1.1 Zielsetzung der Arbeit

Ziel dieser Arbeit ist es, einen Überblick über den aktuellen Stand der UHD-Technik zu geben. Dabei werden entsprechende technische Weiterentwicklungen untersucht und Geräte mit der neuen Auflösung vorgestellt, die aktuell, oder in naher Zukunft, im Handel erhältlich sein werden. Ein besonderes Augenmerk soll dabei auf der Fragestellung liegen, ob sich für den Verbraucher schon heute ein Umstieg auf die neue Technik lohnt.

1.2 Aufbau der Arbeit

Nach der Einleitung wird anhand eines Rückblicks auf die Entwicklung des Vorreiters HDTV eingegangen. Anschließend werden die technischen Neuerungen von UHD in zwei aufeinanderfolgenden Einführungsphasen beleuchtet. Im Fokus liegt dabei die zweite Einführungsphase, die einige Weiterentwicklungen beinhaltet, die schon in naher Zukunft zum Standard der TV-Technologie gehören dürften. Im 4. Kapitel erfolgt eine Übersicht über Komponenten eines UHDTV-Systems, die bereits heute im Handel erhältlich sind. Die gesammelten Ergebnisse sollen in einem Fazit und Ausblick im 5.Kapitel zu einer Handlungsempfehlung führen.

2. Ein Rückblick – High Definition Fernsehen

High-Definition (HD) steht für hochauflösendes Fernsehen und definiert im Wesentlichen eine ver-besserte Qualität gegenüber der Standartqualität (SD). Während SDTV noch eine Auflösung von 720 x 576 Bildpunkten bei einem Bildverhältnis von 4:3 hat, verbirgt sich hinter High Definition Fernsehen in der Betriebsart mit geringerer Auflösung, eine Auflösung von 1280 x 720 Pixel bei einem Bildver-hältnis von 16:9. In der Betriebsart mit höherer Auflösung sind es sogar 1.920 x 1.080 Bildpunkte.[1] Seit 2005 hat sich HDTV in Deutschland immer mehr durchgesetzt. Zunächst begannen die Sender-gruppen ProSiebenSat.1 und Premiere (heute Sky Deutschland) erste Inhalte in HD auszustrahlen. Anfang 2010 folgten die öffentlich-rechtlichen Sendeanstalten ARD und ZDF mit eigenen Angeboten. Heute ist HDTV weitestgehend zum Standard geworden und dem Konsumenten stehen je nach Emp-fangsart im Schnitt 75 HD-Programme zur Verfügung.[2]

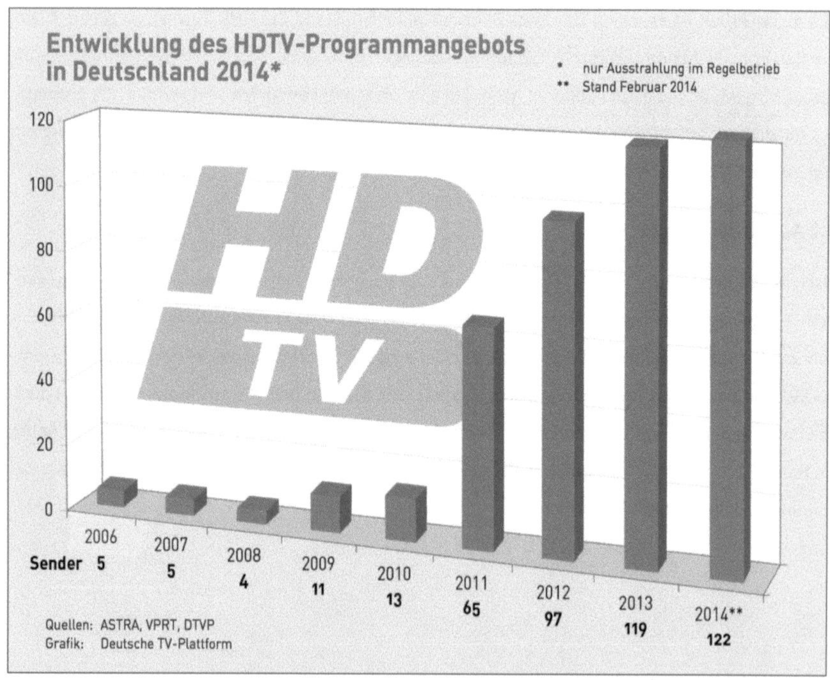

Abbildung 1. Entwicklung des HDTV-Programmangebots in Deutschland 2014[3]

---

[1] IT Wissen – Glossar HDTV/UHDTV, Klaus Lipinski, 2013, S.8.
[2] Deutsche TV-Plattform: White Book – Beyond HD, 2014, S.2f.
[3] Deutsche TV-Plattform: White Book – Beyond HD, 2014, S.4.

2.1 HD Definition der EBU

Die European Broadcasting Union (EBU) hat für Europa vier HD-Formate definiert, die in folgender Tabelle dargestellt werden:

System	Bezeichnung/ Abkürzung	Framerate (Hz)	aktive Pixel pro Zeile	Abtastrate (MHz)	Gesamt- zeilenzahl	Bitrate (netto) (4:2:2, 10 bit)
S1	1280x720/p/50 720p/50	50	1280	74,25	750	921,6 Mbit/s
S2	1920x1080/i/25 1080i/25	25 50 (Field)	1920	74,25	1125	1036,8 Mbit/s
S3	1920x1080/p/25 1080p/25	25	1920	74,25	1125	1036,8 Mbit/s
S4	1920x1080/p/50 1080p/50	50	1920	148,50	1125	2073,6 Mbit/s

Abbildung 2. HD Definition der EBU[4]

Die Verwendung des Formates 720p/50 wird von der EBU und der SMPTE (Society of Motion Picture and Television Engineers) empfohlen, um vor allem die Kompressionsalgorithmen nicht mit einer zu hohen Eingangsdatenrate zu überfordern.[5] Dem Aufruf folgten unter anderem die ARD und das ZDF. Interne Tests der Sender sollen zudem gezeigt haben, dass bewegte Bilder auf modernen Flachbild Displays im Format 720p/50 flüssiger dargestellt werden, als im Format 1080i/25.[6] Die meisten privaten Sendeanstalten senden heute entgegen dem Aufruf im 1080i/25 Format.

2.2 Endgeräte

Die für den Empfang von HDTV nötigen Endgeräte verbreiteten sich zunächst nur langsam. 2008 befanden sich erst rund eine Millionen HDTV-Receiver im Markt. Gleichzeitig wurden aber schon knapp 12 Millionen HD-fähige Fernsehgeräte verkauft. Seit 2011 verfügen die meisten Flachbildschirme über einen eingebauten HDTV-Tuner.[7] Im Jahr 2013 gab es in der deutschsprachigen Bevölkerung ab dem 14. Lebensjahr rund 17,7 Millionen Personen, bei denen ein HDTV-Fernseher im Haushalt vorhanden war. 2014 verdoppelte sich die Anzahl nahezu auf 30,9 Millionen Personen.[8]

---

[4] Schmidt: Professionelle Videotechnik, 2009, S.151.
[5] Schmidt: Professionelle Videotechnik, 2009, S.151.
[6] ZDF.de: Formate im Vergleich, 2010.
[7] Deutsche TV-Plattform: White Book – Beyond HD, 2014, S. 11.
[8] Statista.com: Umfrage HDTV Fernseher im Haushalt, 2014.

3. Einführung von Ultra High Definition

Ultra High Definition (UHD) soll nun als Weiterentwicklung das bestehende HDTV-Format ablösen. Es lässt das Fernsehbild gestochen scharf erscheinen. Der größte Vorteil von UHD ist die vierfach höhere Auflösung gegenüber HDTV. Mit 3840 x 2160 Bildpunkten lassen sich Inhalte ohne erkennbare Pixel darstellen. Von den sich daraus ergebenen 8,3 Millionen Pixel profitieren besonders große Fernsehgeräte. Deutlich bemerkbar macht sich UHD ab einer Bilddiagonalen von 55 Zoll. In Zukunft ist sogar eine weitere Vervierfachung der Bildpunkte auf 7680 x 4320 Pixel vorgesehen, jedoch benötigt man hierfür neue Endgeräte die erst in einigen Jahren marktreif sein werden.

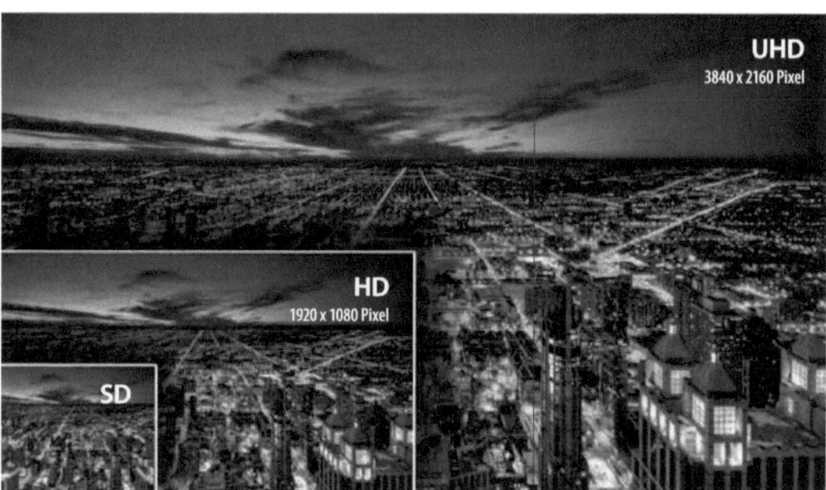

Abbildung 3. Vergleich der verschiedenen Formate[9]

Die bisher empfohlenen Betrachtungsabstände gelten für UHD nicht mehr. Der Zuschauer kann nun dichter vor dem Gerät sitzen, ohne Unschärfen oder Pixelmuster zu erkennen. Die aktuell empfohlene Entfernung zum Fernsehgerät beträgt das 1,5-fache der Bilddiagonalen. Bei HD-Bildschirmen wurde noch zu einem 2-fachen Abstand geraten.[10] Im Laufe des Jahres 2013 hat sich die Industrie auf ein gemeinsames Verständnis in Bezug auf eine zweistufige Einführung von Ultra HD geeinigt. In Phase 1 soll ein kurzfristiger Markteintritt (2014/2015) auf Basis der aktuell verfügbaren UHD-Displays ermöglicht werden. Die wesentliche Neuerung im Vergleich zu HD ist die Vervierfachung der Auflösung auf 3840 x 2160 Pixel. In Phase 2 sollen zudem weitere Verbesserungen, wie z.B. ein verbesserter Farbraum oder High Dynamic Range (HDR), das Ultra HD-Erlebnis weiter vorantreiben. Ziel ist, durch

---

[9] Gfu/BVT: Einkaufsberater Ultra HD, 2014, S.4.
[10] Gfu/BVT: Einkaufsberater Ultra HD, 2014, S.3f.

Optimierung von Bild und Ton, dem Zuschauer eine möglichst realitätsnahe Darstellung zu bieten. Mit der Einführung von Phase 2 kann jedoch frühestens 2017/2018 gerechnet werden, da sich die Gerätetechnik noch in der Entwicklungsphase befindet.

3.1 Ultra-HD Phase 1

Die DVB-Spezifikation sieht neben der verbesserten Auflösung im Vergleich zur HD auch ein neues Kompressionsverfahren vor. Eine wichtige Rolle spielt der HEVC-Codec, auch H.265 genannt. Er ist der Nachfolger des H.264/MPEG-4 AVC Standards und wurde von der ISO/IEC Moving Picture Experts Group (MPEG) und der ITU-T Video Coding Experts Group (VCEG) entwickelt. Der neue H.265 reduziert gegenüber dem Vorgänger H.264/AVC die Videodatenrate um 50%. Das subjektive Qualitätsempfinden soll dabei gleich bleiben. Ermöglicht wird dies durch neue Codieralgorithmen und die Weiterentwicklung bereits bestehender Algorithmen.[11] Der neue Codec wird bereits vom Onlinedienst Netflix für die Übertragung von UHD-Inhalten genutzt.

3.2 Technische Neuerungen im Rahmen der Phase 2 für Ultra-HD

Die geplanten Erweiterungen und Verbesserungen in Phase 2 werden erhebliche Auswirkungen auf den Produktionsprozess von Ultra HD-Displays haben. Besonders High Dynamic Range (HDR) und der erweiterte Farbraum stellen die Industrie vor erhebliche Aufgaben, da teilweise noch einheitliche Standards fehlen bzw. sich noch in der Entwicklung befinden. Eine entsprechende technische Spezifikation soll erst Ende 2016 verfügbar sein. Des Weiteren soll eine Rückwärtskompatibilität zu UHD Phase 1 in der Form angestrebt werden, sodass Dienstanbieter Ultra HD-Inhalte gleichermaßen Nutzern mit Phase 1- und Phase 2 Geräten anbieten können, ohne dafür zusätzlich einen Simulcast aufsetzen zu müssen.[12] In den folgenden Abschnitten 3.2.1 bis 3.2.4 werden diese Ansätze der UHD Phase 2 genauer erläutert.

3.2.1 Farbraum

Die Farben, die der Betrachter auf dem Fernsehgerät sieht, setzen sich aus variablen Kombinationen der Primärfarben Rot, Grün und Blau in den Pixeln des Displays zusammen. Je weiter sich die Primärfarben voneinander entfernen, desto größer wird der Farbraum.[13] Die abgebildete Normalfarbtafel mit den dazugehörigen x/y Koordinaten wurde von der internationalen Beleuchtungskommission (Commission Internationale d'Eclairage, CIE) als Grundlage für die Farbmetrik genormt. Alle Farben

---

[11] smpte.org: HEVC Slowly Rolls Out, Michael Goldman, 2014.
[12] Deutsche TV-Plattform: White Book Beyond HD - Update August 2014, 2014 S.3ff.
[13] Wood: No Pain, No Gain, 2013, S.9.

liegen innerhalb des abgebildeten Kurvenzugs.[14] Man kann erkennen, dass der Farbraum von UHDTV signifikant größer ist als der Farbraum von HDTV. Daraus läßt sich ableiten, dass der Farbraum von UHDTV deutlich näher an dem Farbvermögen des menschlichen Auges liegt als der von HDTV.

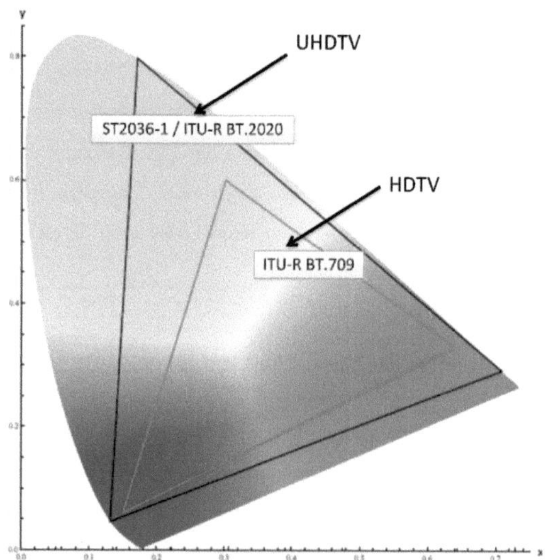

Abbildung 4. Farbraum des HDTV Signals gem. ITU-R BT.709 und des UHDTV Signals gem. ITU-R 2020[15]

3.2.2 High Dynamic Range

Um das Kontrastverhältnis zu verbessern, muss das Verhältnis zwischen der hellsten und der dunkelsten Stelle im Bild erhöht werden. High Dynamic Range (HDR) ist ein Ansatz zur Erhöhung des Dynamikbereiches.[16] Die aktuellen Helligkeits- und Kontrastwerte beruhen noch auf den technologischen Rahmenbedingungen von Röhrenmonitoren. Die Filmindustrie fordert eine maximale Helligkeit im Bereich von 10.000 cd/m^2 und einen Schwarzwert von 0,005 cd/m^2, was einem Kontrastverhältnis von 2.000.000:1 entspricht. (siehe Abbildung 5) Der heutige Standard für HDTV sieht jedoch nur eine maximale Helligkeit von 100cd/m^2 vor. Aus diesem Grund steht für Hersteller wie Dolby oder Tech-

---

[14] Schmidt: Professionelle Videotechnik, 2009, S.75.
[15] SMPTE: UHDTV Ecosystem Study Group Report, 2013, S. 8.
[16] IT Wissen.info: HDR (High Dynamic Range), 2014.

nicolor zur Diskussion, eigene HDR-Lösungen auf den Markt zu bringen. Eine einheitliche Lösung ist momentan noch nicht in Aussicht.[17]

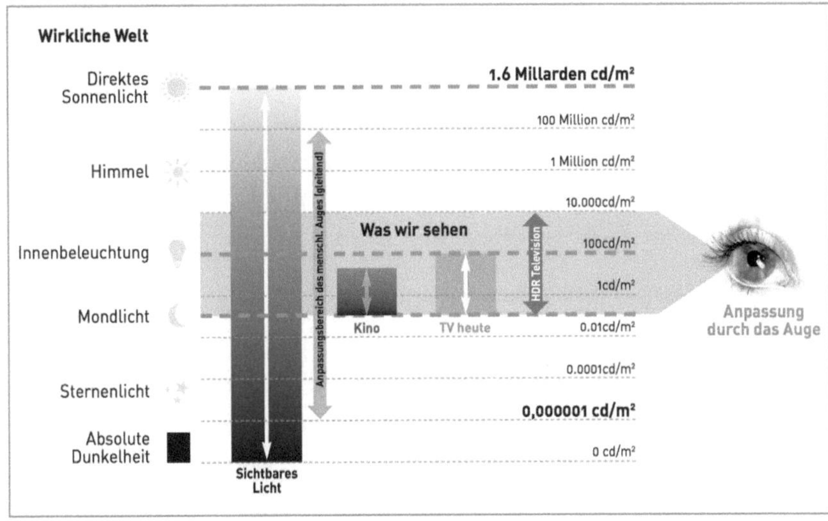

Abbildung 5. Verhältnis von heutigem Kontraststandard zu HDR[18]

3.2.3 High Frame Rate

Um für das menschliche Auge einen zusammenhängenden Bewegungsablauf aus einzelnen Bildern zu erzeugen, benötigt man ca. 20 Bilder pro Sekunde. Die Bildfrequenz von Filmen beträgt dementsprechend 24 Hz bzw. 24 Bilder pro Sekunde. Bei größeren Displays muss die Bildwechselfrequenz erhöht werden, um die Flimmerempfindlichkeit gering zu halten. Aus diesem Grund werden Filmbilder im Kino zweimal projiziert, sodass sich eine Bildwechselfrequenz von 48 Hz ergibt. In einem abgedunkelten Kino sind 48 Hz ausreichend um vom Betrachter nicht als störend empfunden zu werden. Bei Displays in hellen Räumlichkeiten sollte die Flimmerfrequenz oberhalb von 70 Hz liegen, da der Beobachter in hellen Räumlichkeiten mehr Aufmerksamkeit aufbringt. Da die Technik auf diesem Gebiet immer weiter voranschreitet, können moderne Filme mit bis zu 120 Hz produziert werden[19] James Cameron, ein Pionier auf dem Gebiet neuer Hollywoodfilme, plant seinen neuen Film Avatar 2

---

[17] Deutsche TV-Plattform: White Book Beyond HD – Update August 2014, 08/2014, S.5f.
[18] Deutsche TV-Plattform: White Book Beyond HD – Update August 2014, 08/2014, S.5.
[19] Schmidt: Professionelle Videotechnik, 2009, S.75.

mit 48 bzw. 60 Bildern pro Sekunde zu drehen. So sollen Filme in neuer 3D-Technik noch realistischer und dynamischer wirken und den Zuschauer intensiver in das Geschehen hineinversetzen.[20]

3.2.4 Audiosysteme

Das verbesserte visuelle Erlebnis von Ultra HD soll in Zukunft auch durch verschiedene neue Audio-systeme unterstützt werden. Ansätze wie Dolby AC-4 oder DTS UHD sollen für den Zuschauer durch kanalbasierte, objektbasierte und szenenbasierte Audioformate ein dreidimensionales Klangerlebnis erzeugen. Ein neuer Audio-Decoder soll zudem das Audiosignal soweit optimieren, dass auch bei ungünstig platzierten Lautsprechern ein optimales Ergebnis erzielt wird.[21] Die Wiedergabe von drei-dimensionalem Ton über Kopfhörer wird heute schon von einigen Herstellern angeboten.[22]

4. Komponenten eines UHDTV Systems im Heimbereich

Der wichtigste Teil eines UHDTV-Systems ist das Fernsehgerät. Es muss die Auflösung von 3840 x 2160 Bildpunkten unterstützen, um Bildmaterial in UHD in voller Detailtiefe anzeigen zu können. Um dies zu erreichen, wird entweder ein Blu-Ray Player, eine Set-Top-Box oder eine Streaming-Box als Zuspieler benötigt. Alternativ besteht die Möglichkeit, direkt über das Fernsehgerät zu streamen oder eine Festplatte mit UHD-Inhalten zu nutzen. Um die enorm gestiegenen Datenmengen zu ver-arbeiten, wurden HDMI-Schnittstellen weiterentwickelt.

4.1 Schnittstellen und Kopierschutz

Auch bei den neuen UHD-Geräten wird sowohl Bild als auch Ton per HDMI übertragen. Mit der neu-en HDMI-Generation (HDMI 2.0) wurde die maximale Bandbreite auf 18 GBit/s erhöht. Das ermög-licht, UHD-Inhalte mit einem Farb-Subsampling von 4:2:2 und bis zu 60 Bildern pro Sekunde wieder-zugeben. Bei einem höheren Farb-Subsampling von 4:4:4 können maximal 30 Bilder pro Sekunde wiedergegeben werden. Beide Varianten bieten eine Auflösung von 10 oder 12 Bit.[23] Das von Intel im Jahre 2003 entwickelte Verschlüsselungssystem HDCP dient zur geschützten Übertragung von Video- und Audiomaterial über die Schnittstellen HDMI, DVI und Displayport. Viele UHD-Fernsehgeräte, die aktuell im Handel erhältlich sind, beherrschen die HEVC-Wiedergabe ab Werk.[24] Auf Drängen der Filmindustrie soll spätestens mit Einführung der Blu-Ray mit UHD-Inhalten auch ein neuer Kopier-schutz auf den Markt kommen. HDCP 2.2 wird zurzeit jedoch nicht von allen Geräten unterstützt. Da der Kopierschutz auf dem HDMI-Chip integriert ist, kann ein Softwareupdate nicht ohne Weiteres vorgenommen werden.

---

[20] Hollywoodreporter.com: James Cameron – Avatar 2 and 3 at Higher Frame Rates, Carolyn Giardina, 03/2011.
[21] DTS.com: DTS demonstrates DTS UHD-Decoder, 2014; Inbroadcast.com: Dolby-AC4 comes to NAB, 04/2014.
[22] Trittonaudio.com: Proplus, 2014.
[23] UHD-TV.info: HDMI 2.0 UHD TV, Ben Müller, 09/2013.
[24] Gfu/BVT, Einkaufsberater Ultra HD, 2014, S.7.

4.2 UHD Fernseher

Zum Jahresanfang 2014 nutzten sämtliche TV-Hersteller diverse Messen und Roadshows, um neue UHD-TV Modelle und Technologien vorzustellen. Mit der Markteinführung von UHD-TV Geräten gab es zunächst nur wenige Anbieter wie dem chinesischen Hersteller Hisense oder Blaupunkt, die neue UHD-Fernsehgeräte für unter 1000 Euro angeboten haben. Heute findet man von fast allen namhaften Herstellern wie Samsung, LG oder Panasonic Geräte im Preissegment bis 1500 Euro. Dementsprechend sprunghaft hat der Absatz von UHD TV-Geräten im Jahr 2014 zugenommen. Laut einer Studie von NPD DisplaySearch wurden im 2. Quartal 2014 weltweit bereits über 2,1 Millionen Geräte ausgeliefert mit steigender Tendenz.[25] Deutlich im Trend liegen zurzeit Geräte mit Displaygrößen über 55 Zoll. Geräte mit bis zu 110 Zoll sind bereits im Handel erhältlich. Sogenannte Smart-TV Geräte, die durch Vernetzbarkeit einen zusätzlichen Nutzen bieten, sowie Geräte mit 3D-Technik, machten bereits 67 Prozent des Umsatzes im TV-Markt im ersten Halbjahr 2014 aus und gelten bereits als Standard aktueller Technik.[26] Ein neuer Trend sind Curved-TVs, deren Prinzip in der folgenden Abbildung dargestellt wird.

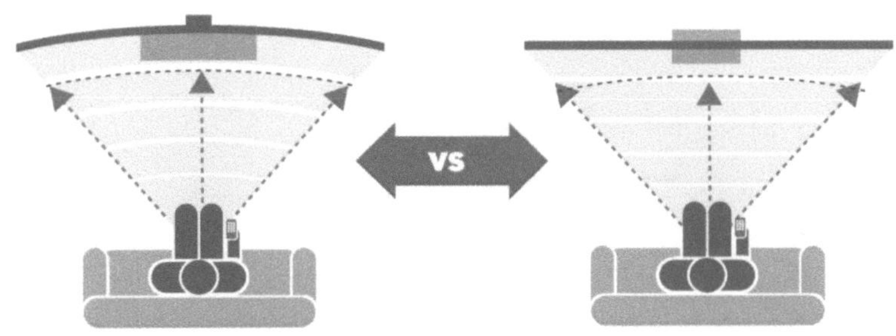

Abbildung 6. Curved TV vs. Normal TV[27]

Auf Grund der Wölbung der Fernsehgeräte kommt es zu einer Erweiterung des Sichtfeldes. Der Bildschirm soll auf diese Weise größer wahrgenommen werden, als er eigentlich ist. Zudem ist das Bild kontrastreicher und soll einen räumlicheren 3D-Effekt vermitteln. Da bei Curved TVs sämtliche Bildbereiche gleich weit vom Zuschauer entfernt sind, werden Verzerrungen am Bildrand minimiert.[28] Bei aktuellen UHD-Fernsehgeräten kommen zur Zeit drei Displaytechnologien zum Einsatz. Der größte

---

[25] Displaysearch: More 4K UHD TV Sets shipped q2'14 than in all of 2013, 2014.
[26] GfK.com: GfK Ergebnisse zum Unterhaltungselektronikmarkt in Westeuropa – erstes Halbjahr 2014, 09/2014.
[27] Samsung.com: Die neuen Fernsehtechnologien: Was steckt dahinter?, 2014, S1.
[28] Samsung.com: Die neuen Fernsehtechnologien: Was steckt dahinter?, 2014, S1ff.

Teil der Displays beinhaltet die LCD bzw. LED-Technik. Ein weitaus kleinerer Teil beinhaltet bereits die neue OLED-Technik. Hochauflösende Plasma-Displays haben den Weg in die UHD-Klasse bis jetzt noch nicht geschafft.

4.2.1 Fernsehgeräte mit LCD/LED Technik

Flüssigkristallbildschirme (Liquid Crystal Display, LCD) gehören heute zu den dominierenden Video-displays. Ab dem Jahre 2000 verdrängten sie die Röhrenmonitore im Bereich der Computerdisplays und wurden schon wenige Jahre später zum Standard im TV-Markt. LCD-Displays sind passiver Art, das heißt, sie strahlen nicht selbst Licht ab, sondern wirken als Lichtventile, indem sie die Intensität des transmittierenden Lichts verändern. Mit Hilfe von Strom, werden die Flüssigkristalle angesteuert und beeinflussen dadurch die Menge an Licht, die auf den Farbfilter trifft.[29] In der folgenden Abbildung 7 wird der Aufbau eines LCD-Bildpunkts vereinfacht dargestellt.

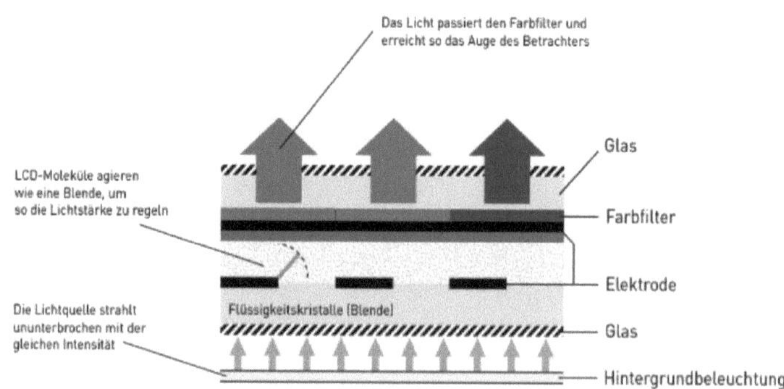

Abbildung 7. Funktionsweise LCD-TV[30]

Bei Fernsehgeräten mit klassischer LCD-Technik, sitzen Leuchtstoffröhren hinter dem Display und übernehmen die Beleuchtung. Die dafür benötigte große Bautiefe, hat sich in den letzten Jahren als Nachteil erwiesen. Die meisten Hersteller setzen daher auf LED-Technik. Dabei sitzen die Leuchtdio-den entweder am Rand des Displays (Edge-LED), oder beim Direct-LED, direkt hinter dem Display. Die meisten heute erhältlichen UHD TV-Geräte arbeiten mit dem Edge-LED Verfahren, da es die aktuell kostengünstigste Variante darstellt.[31] Laut einem Bericht von DigiTimes, arbeitet Samsung zur Zeit an

---

[29] Schmidt: Professionelle Videotechnik, 2009, S.460.
[30] Panasonic.com: Funktionsweise LCD-TV, 2014.
[31] Chip.de: Display-Technik: LED,LCD und Plasma, 04/2013.

einem Fernsehgerät mit Ultra HD-Auflösung, dessen Hintergrundbeleuchtung über 300 LEDs mit direkter Beleuchtung verfügt. Dadurch sollen Farbdarstellung und Kontrast verbessert werden.[32]

4.2.2 Fernsehgeräte mit OLED Technik

Bei der OLED-Technik wird im Gegensatz zur LCD-Technik keine Hintergrundbeleuchtung benötigt. OLED ist auch bekannt als „organische Leuchtdiode". Bei diesem Verfahren, fangen die Pixel an zu leuchten, sobald Strom anliegt. Die Herausforderung bei der Produktion von OLED-Displays liegt im Aufbau der einzelnen Bildpunkte, die sich aus jeweils einer roten, einer grünen und einer blauen Leuchtdiode zusammensetzen. Für jede Diode werden bis zu zehn verschiedene Materialien auf eine Glasplatte aufgetragen. Die Materialschichten bleiben dabei dünner als ein menschliches Haar und messen zusammen mit der Glasplatte nicht mal einen Millimeter. Je dichter die Dioden dabei zusammenliegen, desto höher ist die Auflösung des Displays.[33] OLED-Fernsehgeräte zählen heute zu den neusten Technologien auf dem Markt. Der große Vorteil dieser Technik sind dynamische Farben und ein deutlich höherer Schwarzwert im Vergleich zu herkömmlichen LED-Displays. Einer der wenigen Hersteller, der aktuell OLED-Displays anbietet, ist der koreanische Hersteller LG. Ein 55 Zoll OLED-Display ist ab 2500 Euro im Handel erhältlich. Jedoch bieten diese Geräte noch keine UHD-Auflösung. Ab 2015 plant LG, seine OLED-Produktpalette, um sieben neuen UHD OLED-TVs zu erweitern. Die Modelle sollen in den Größen 55, 65 und 77 Zoll erhältlich sein. Zusätzlich sollen die Geräte mit einem neuen Betriebssystem ausgestattet werden, das 4K-Streaming ermöglicht.[34]

4.2.3 Fernsehgeräte mit Plasma Technik

Das Panel eines Plasmabildschirms besteht aus einzelnen Bildpixeln, die sich zwischen zwei Glasschichten befinden. Drei Kammern für die Farben Rot, Grün und Blau bilden dabei ein Bildpixel. In den Kammern befindet sich eine Gasmischung unter verminderten Druck. Die Wände und Bodenflächen sind mit einer Leuchtschicht versehen. Bei einer entsprechenden Anregung senden die Gasverbindungen rotes, grünes oder blaues Licht aus. Durch die Wahl der Gasmischung, dem Gasdruck und der Strukturdicke der einzelnen Zellschichten lassen sich Lichtausbeute, Lichtstrom und elektrischer Leistungsbedarf beeinflussen.[35] Der japanische Hersteller Panasonic, bietet aktuell die größte Produktpalette an Plasmafernsehgeräten an. Da die Technologie weitestgehend ausgereift ist, können Plasma-TV's günstig hergestellt werden. Geräte bis zu einer Größe von 65 Zoll sind aktuell im Handel erhältlich. Die Panels überzeugen mit einem überdurchschnittlichen Kontrast und einer guten

---

[32] Digitimes.com: Samsung developing new Ultra HD TV with 300 Led's, 09/2014.
[33] Magazin Merck.de: Displays aus organischen Leuchtdioden, Thomas Kessler, 04/2013.
[34] Lg.com: LG präsentiert erweiterte OLED TV-Produktpalette auf der CES 2015, 01/2015.
[35] Elektroniktutor.oszkim.de: Das Funktionsprinzip eines PDP-Plasmadisplays, Detlef Mietke, 2013.

Farbwiedergabe. Als Nachteil wäre der hohe Stromverbrauch zu nennen.[36] Überlegungen seitens Panasonic ein UHD-Plasma-Display zu entwickeln, wurden verworfen, da die Entwicklungskosten zu hoch seien.[37]

4.3 UHD-Zuspielgeräte

Der folgende Abschnitt stellt verschiedene Technologien vor, die UHD-Inhalte an ein entsprechendes Fernsehgerät zuspielen können.

4.3.1 Blu-Ray Disc

Die Blu-Ray Disc wurde entwickelt, um hochauflösende Videodateien zu speichern. Die Laufwerke kommen nicht nur in Videoplayern, sondern auch im PC zum Einsatz und eignen sich zudem als Datenspeicher. Im Gegensatz zur DVD, kommt bei der Blu-Ray-Technik ein blauer Laser zum Einsatz. Die Wellenlänge wurde auf 405nm abgesenkt. Dadurch lässt sich der Laser feiner fokussieren und mehr Daten auf eine Disc speichern (siehe Abbildung 8).

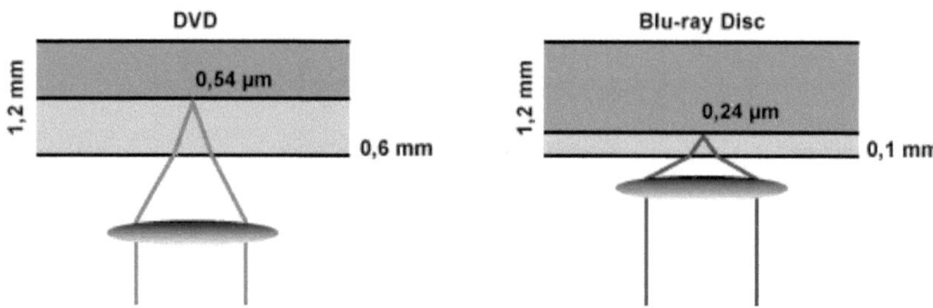

Abbildung 8. Aufbau einer Blu-ray Disc[38]

Durch die Weiterentwicklung von Materialien zur Herstellung der Disc, war es möglich, die Schutzschicht auf 0,1mm zu reduzieren und somit mehr Speicherplatz zu erhalten. Auf einer einseitig beschriebenen Blu-Ray Disc lassen sich 25GByte, bei doppelseitiger Schreibweise sogar 50 GByte speichern.[39] Aktuell sind noch keine Filme in UHD-Auflösung auf Blu-Ray Disc erhältlich. Victor Matsuda, Sprecher der Blu-Ray Disc Association, hat auf der Internationalen Funkausstellung in diesem Jahr angekündigt, dass bis Mitte 2015 sämtliche Lizenzfragen geklärt und zum Weihnachtsgeschäft 2015

---

[36] Flachbild-tv.info: Plasma-Fernseher.
[37] HDTVtest.co.uk: What killed Panasonic Plasma TV? 4K Ultra HD, Vincent Teoh, 11/2013.
[38] Elektronik-Kompendium.de: BD – Blu-ray Disc.
[39] Elektronik-Kompendium.de: BD – Blu-ray Disc.

die ersten Blu-Ray Discs mit UHD-Inhalten erhältlich sein sollen. Hinsichtlich des Kompressionsverfahren, sei man sich mittlerweile einig, dass auf der Blu-Ray Disc das neue H.265/HEVC Verfahren zum Einsatz kommen soll. Damit besteht die Möglichkeit, einen Spielfilm in UHD-Auflösung auf einer doppelschichtigen Blu-ray Disc mit 50 GByte Datenvolumen zu speichern. Um den Vorsprung der Videodienste auszugleichen, die teilweise bereits heute schon UHD-Material zum streamen anbieten, sollen die Inhalte auf einer Blu-ray Disc einen erweiterten Farbraum, HDR und die von 8 auf 10 Bit erhöhte Farbtiefe unterstützen. Gleichzeitig ist geplant, die Bildwechselwiederholraten von 24 bzw. 25 Vollbildern pro Sekunde auf bis zu 60 Vollbilder pro Sekunde zu erhöhen.[40] Viele der aktuell im Handel erhältlichen Blu-ray-Player bieten die Möglichkeit, bestehende HD-Inhalte hochzurechnen und an das Fernsehgerät auszugeben. Der japanische Hersteller Panasonic hat im Juni 2014 den ersten Blu-ray Player mit Upscaling-Funktion auf den Markt gebracht, der UHD-Signale bei einer Bildwiederholfrequenz von bis zu 60 Vollbildern wiedergibt. Zusätzlich wurde die neue Schnittstelle HDMI 2.0 integriert, die es ermöglicht, bereits jetzt native UHD-Inhalte auf einem entsprechenden Fernsehgerät wiederzugeben. Über einen integrierten 7.1-Kanal Ausgang, kann der Ton über HDMI an einen AV-Receiver ausgegeben werden.[41]

4.3.2 Receiver und Set-Top Boxen

Receiver sind für DVB-C2, DVB-S2, DVBT oder IPTV erhältlich. Neben dem Empfang von HD-Signalen beinhalten moderne Receiver von Anbietern wie Sky Deutschland oder der Deutschen Telekom eine Festplatte, um Fernsehprogramme aufzuzeichnen und zeitversetztes Fernsehen zu ermöglichen.[42] Um in Zukunft für die UHD-Technik gerüstet zu sein, müssen die Geräte den neuen Kompressionsstandard HEVC unterstützen.[43] Auf der IFA 2014 in Berlin wurde von Cisco in Zusammenarbeit mit Vodafone Deutschland eine UHD-fähige Set-Top Box vorgestellt. Ein neues Betriebssystem soll die Verarbeitung von UHD-Inhalten verschiedener Quellen ermöglichen. Als Hardware dient ein neuer Dual Core Prozessor, der mit DDR4 Speicher arbeitet. Es beinhaltet außerdem USB 3.0, PCIe und Gigabit Ethernet Schnittstellen. Das Gerät soll Mitte 2015 auf den Markt kommen.[44]

4.3.3 Streaming von UHD-Inhalten

Beim Streaming werden Daten nicht dauerhaft, sondern nur temporär zwischengespeichert. Komprimierte Video- und Audiodateien werden beim Streaming kontinuierlich in Form eines Datenstroms über das Internet übertragen. Die schubweise Übertragung von Daten, nennt man

---

[40] Heise.de: Blu-Ray für 4K Filme soll Weihnachten 2015 kommen, Nico Jurran, 09/2014.
[41] Panasonic.com: Blu-Ray Player DMP-BDT700.
[42] Sky.de: Sky HD-Receiver.
[43] Smarthomewelt.de: Was ist eine Set Top Box?, Britta Schiller, 10/2014.
[44] Broadcom.com: Vodafone adds Broadcom Ultra-HD Technology.

Store-and-Forward-Verfahren.[45] Durch die Bereitstellung immer größerer Bandbreiten, ist das Angebot an Streaming Diensten in Deutschland in den letzten Jahren stark gestiegen. TV-Geräte Hersteller wie Sony oder LG setzen auf eine Kooperation mit dem Streaming-Anbieter Netflix.[46]. Dieser hat in den USA bereits damit begonnen, erste Inhalte in UHD auszustrahlen. Als einer der ersten Serien, soll das Politik-Drama „House of Cards" mit einer Auflösung von 3.840 x 2.160 Bildpunkten auch auf dem deutschen Markt angeboten werden. Die UHD-Streams sollen nur auf TV-Geräten funktionieren, die über einen eingebauten H.265 Decoder verfügen. Der Hersteller LG kündigte an, sämtliche Geräte mit einem eingebauten HEVC 60p-Decoder auszuliefern, der Fernsehsignale im H.264- und HEVC H.265-Format mit 30p und 60p decodieren soll. Zusätzlich wird eine schnelle Internetverbindung benötigt, da die Streams in einer Bitrate von 15,6 Mbps übertragen werden sollen. Um das Programm störungsfrei zu schauen, benötigt man demnach eine Internetverbindung mit mindestens 20 Mbps Downstream.[47] Neben Netflix bietet das Onlineversandhaus Amazon seinen Prime-Kunden bereits jetzt in den USA UHD-Filme kostenlos an. Ab 2015 soll das Angebot auch in Deutschland verfügbar sein.[48]

5. Fazit und Ausblick

Ziel der vorliegenden Arbeit war es, dem Leser einen Überblick zu verschaffen, welche Geräte benötigt werden, um im Heimbereich vom neuen UHD-Erlebnis zu profitieren. Zusätzlich soll sie als Orientierungshilfe dienen, wenn eine Investition in die neue Technik ansteht. Zunächst wurde der Werdegang von HDTV betrachtet. Im Rahmen der UHD-Einführungsphase 2 wurden technische Weiterentwicklungen des aktuellen UHD-Standards vorgestellt. Im 4. Kapitel wurden dann mögliche Komponenten eines UHD-Systems erläutert.

Zunächst gilt es festzuhalten, dass sich UHD nur dann lohnt, wenn der Sitzabstand des Zuschauers zum Fernsehgerät nicht mehr als anderthalbmal so groß wie die Bildschirmdiagonale ist. Sollte der Abstand deutlich größer sein, lohnt sich ein Umstieg auf die neuen Fernsehgeräte nicht, da kein Unterschied im Gegensatz zu einem Full HD-Display zu erkennen ist. Bei UHD-Fernsehgeräten mit einer Bildschirmdiagonalen von 55 Zoll und größer, ist dagegen ein deutlicher Qualitätsgewinn auszumachen. Normale HDTV-Bilder werden von aktuellen Blu-ray-Playern und hochwertigen AV-Receivern, sowie teilweise von den Fernsehgeräten selber, auf die höhere Auflösung hochgerechnet. Die Ergebnisse zeigen ein verbessertes Bild gegenüber der Auflösung in Full HD. Die Bildqualität von nativem UHD-Material wird aber nicht erreicht. Wer sich aktuell dafür entscheidet ein neues UHD-Fernsehgerät zu kaufen, dem sollte bewusst sein, dass es zur Zeit nur wenige Möglichkeiten gibt, das

---

[45] Itwissen.info: Streaming-Media.
[46] Pressemitteilung LG Netflix 4k Streaming CES 2014, S.1 ff.
[47] Cnet.com: Netflix begins 4k streams, David Katzmaier, 04/2014.
[48] Digitaltrends.com: Look Out Netflix: Amazon Rolls Out Free 4K UHD Streaming, Ryan Waniata, 12/2014.

Gerät mit nativem UHD-Filmmaterial zu versorgen. Ein Blu-ray Nachfolger mit UHD-Auflösung erscheint voraussichtlich erst Ende 2015. Streaming-Anbieter wie Netflix und Amazon beginnen erst langsam damit, Filme mit der höheren Auflösung in das Angebot aufzunehmen. Da die Datenraten beim streamen der Filme jedoch sehr hoch sind, sollte der Nutzer mindestens über eine DSL Internetverbindung mit 25 Mbit/s verfügen. Einige aktuell erhältlichen Geräte verfügen zudem noch nicht über die neue HDMI-Version 2.0 und den damit verbundenen Kopierschutz HDCP 2.2. Viele Hersteller halten sich bedeckt bei der Frage, ob es ein kostenloses Upgrade der aktuellen Geräte ohne die Technik geben wird. Die zu erwartenden technischen Weiterentwicklungen in UHD-Einführungsphase 2 sind ein weiteres Argument dafür, mit dem Kauf eines UHD-Fernsehgerätes zu warten. Abschließend kann festgestellt werden, dass in der neuen UHD-Technologie viel Potential steckt. Aus Verbrauchersicht, sollte die Entwicklung jedoch erst abgewartet werden. Erst wenn sämtliche Hersteller sich auf gemeinsame Standards geeinigt haben, kann zu einem Umstieg auf die neuen Geräte geraten werden.

Literaturverzeichnis

Detlef Mietke
Elektroniktutor.oszkim.de: Das Funktionsprinzip eines PDP-Plasmadisplays. 01/2013.
URL: http://elektroniktutor.oszkim.de/technologien/plasmadp.html (Stand: 05.01.2015).

Deutsche TV-Plattform e.V.
White Book Beyond HD. Arbeitsgruppe Geräte und Vernetzung der Deutschen TV-Plattform. Frankfurt am Main: Version 1.1, 02/2014.

Deutsche TV-Plattform e.V.
White Book Beyond HD – Update August 2014. Arbeitsgruppe „Ultra HD" der Deutschen TV-Plattform. Version E 1.2, 08/2014.

Displaysearch
NPD Displaysearch: More 4K UHD TV Sets shipped in Q2'14 than in All of 2013.
URL:http://www.displaysearch.com/cps/rde/xchg/displaysearch/hs.xsl/140828_more_4k_uhd_tv_sets_shipped_q214_than_all_2013.asp (Stand: 05.01.2015).

Digitimes
Samsung developing new Ultra HD TV with 300 Led's. 09/2014
URL:http://digitimes.com:8080/newregister/join.asp?view=Article&DATEPUBLISH=2014/09/03&PAGES=PD&SEQ=212. (Stand: 01.01.2015).

DTS
DTS Demonstrates DTS-UHD Decoder using single-chip audio DSP at consumer electronics show.
URL: http://www.dts.com/corporate/press-releases/2014/01/dts-demonstrates-dts-uhd-decoder-using-single-chip-audio-dsp-at-consumer-electronics-show.aspx (Stand: 05.01.2015).

Elektronik-Kompendium.de
BD – Blu-ray Disc.
URL: http://www.elektronik-kompendium.de/sites/com/1204171.htm (Stand: 05.01.2015).

Flachbild-tv.info
Plasma-Fernseher.
URL: http://www.flachbild-tv.info/Plasma_Fernseher.html (Stand: 05.01.2015).

Gesellschaft für Konsumforschung (gfk)
GfK Ergebnisse zum Unterhaltungselektronikmarkt in Westeuropa – erstes Halbjahr 2014. 09/2014.
URL: http://www.gfk.com/de/news-und-events/presse/pressemitteilungen/seiten/home-ce-ifa-2014-de.aspx (Stand: 01.01.2015).

**Gesellschaft für Unterhaltungs- und Kommunikationselektronik (gfu) mbH
Bundesverband Technik des Einzelhandels e.V. (BVT)**
Einkaufsberater Ultra HD. UHD-Fernseher/Technik/Inhalte. Ausgabe 2014.

Inbroadcast
News: Dolby AC-4 comes to NAB. 04/2014.
URL: http://www.inbroadcast.com/Dolby_AC4_Comes_To_NAB.asp (Stand: 01.01.2015).

IT Wissen
HDR (High dynamic range).
URL: http://www.itwissen.info/definition/lexikon/high-dynamic-range-HDR.html (Stand:
27.12.2015).

IT Wissen
Streaming-Media.
URL: http://www.itwissen.info/definition/lexikon/Streaming-Media-streaming-media.html (Stand:
28.12.2015).

Klaus Lipinski, Dipl.Ing.
IT Wissen – Das große Online-Lexikon für Informationstechnologie Glossar HDTV/UHDTV, 2013.

LG Electronics
LG präsentiert erweiterte OLED TV-Produktpalette auf der CES 2015. 01/2015
URL: http://presse.lge.de/2015/01/05/lg-praesentiert-erweiterte-oled-tv-produktpalette-auf-der-
ces-2015/ (Stand: 05.01.2015).

LG Electronics Deutschland GmbH
Pressemitteilung LG Netflix 4k Streaming CES 2014. 2014.

Michael Goldman
Society of Motion Picture and Television Engineers. Hot Button Discussion. HEVC Slowly Rolls Out.
09/2014.
URL: https://www.smpte.org/publications/past-issues/September-2014 (Stand: 05.01.2015).

Nico Jurran
Blu-Ray für 4K Filme soll Weihnachten 2015 kommen. 09/2014.
URL: http://www.heise.de/newsticker/meldung/Blu-ray-fuer-4K-Filme-soll-Weihnachten-2015-
kommen-2356969.html (Stand: 05.01.2015).

Panasonic.com
Blu-Ray Player DMP-BDT700.
URL: http://www.panasonic.com/de/consumer/home-entertainment/blu-ray-set-top-
box/player/dmp-
bdt700.html?gclid=CjwKEAiA0O2lBRDOrPX4oJP3t2oSJACjpaHAzk8EAF3sNUDNTsMXDlSb3PThBDvlO2
EefeDxnzdAMxoC5FHw_wcB (Stand: 05.01.2015).

Ryan Waniata
Digitaltrends.com: Look Out Netflix: Amazon Rolls Out Free 4K UHD Streaming. 12/2014. URL:
http://www.cnet.com/news/netflix-begins-4k-streams/ (Stand: 08.01.2015).

Samsung
Pressemappe: Die neuen Fernsehtechnologien: Was steckt dahinter? 2014.

Sky.de
Sky HD-Receiver.
URL: http://www.sky.de/web/cms/de/sky-hd-receiver.jsp (Stand: 08.01.2015).

Society of Motion Picture and Television Engineers
Initial Report oft he UHDTV Ecosystem Study Group. White Plains, New York 2013.

Statista
Anzahl der Personen in Deutschland, bei denen ein HDTV-Fernseher im Haushalt vorhanden ist von 2012-2014.
URL: http://de.statista.com/statistik/daten/studie/169576/umfrage/hdtv-fernseher-im-haushalt/
Stand: (Stand: 27.12.2015).

Thomas Kessler
Magazin Merck. Displays aus organischen Leuchtdioden – Eindrucksvolles Fernseherlebnis. 04/2013.
URL: http://magazin.merck.de/de/Innovation/OLED/OLEDs_drucken1.html (Stand: 05.01.2015).

Trittonaudio
Tritton Pro +5.1 Surround Headset for Xbox 360, Playstation 4 and Playstation 3.
URL: http://www.trittonaudio.com/proplus (Stand: 02.01.2015).

Ulrich Schmidt
Professionelle Videotechnik – Grundlagen, Filmtechnik, Fernsehtechnik, Geräte- und Studiotechnik in SD,HD,DI,3D. Berlin: Springer Vieweg 5. Aktualisierte und erweiterte Auflage, 2009.

Vincent Teoh
HDTVtest.co.uk: What killed Panasonic Plasma TV? 4K Ultra HD. 11/2013.
URL: http://www.hdtvtest.co.uk/news/4k-plasma-201311133417.htm (Stand: 08.01.2015).

ZDF
Formate im Vergleich, Beitrag vom 5.2.2010.
URL: http://www.zdf.de/hdtv-formate-im-vergleich-5215012.html (Stand: 27.01.2015).